多彩的家

[日] 八岛正年 八岛夕子 著

杨希 译

家的故事

吃饭睡觉居住的地方

清华大学出版社
北京

清风掠过，树影婆娑，恍若在水中上下起伏。在这样的清凉世界里，心情分外愉悦。

这一年我十岁。此刻，我正前往邻町，去奶奶家留宿一晚。我们约好了在这棵树下会面。

我很喜欢去奶奶家玩。要问为什么，我只能说，也许是因为奶奶家与我自己家不太一样。

The shadows shimmer on the ground as the leaves sway in the breeze.

It's as if I'm underwater, watching sunbeams play on the water's surface.

I can feel the wind gently caress my face and it feels good.

I'm 10 years old and on my way to granny's house to stay for the night.

She lives in the next town.

Right now, I'm waiting to meet her beneath this tree.

I don't know why, but I just love granny's house.

Maybe because it's a little different from mine?

1

大树如家

奶奶悠悠地走上小丘。

"呵，终于到了。哎呀，才几天不见，个头又长了不少嘛。" 她边往树下走，边笑着对我说。阳光透过枝叶落在她的笑容上，忽闪忽闪的，奶奶的心情跟这天气一样好。

这是一株大楠木。树干异常粗壮，撑起繁茂的枝叶，仿佛一顶绿色华盖，荫庇着下方偌大的空间。我坐在凸露于地面的坚实的树根上，凝望摇晃的树影，以及树影之外的明亮世界，十分平静惬意。泥土的芬芳中夹杂着枯叶的味道，混合成一种清爽的气息，沁人心脾。

A **Tree** Like a House

Granny slowly makes her way up the hill and reaches the shade of the tree.
She looks happy as the filtered sunbeams stream across her face.

This tree is a camphor tree.
It has an enormous trunk to support its many branches and leaves,
and it casts a huge shadow on the ground.
I love squatting at the base of this tree, watching the sunny view in the distance
or the shadows on the ground swaying with the breeze.
It makes me feel secure.
I love the damp smell of the earth and dead leaves, too.

迎客的地方

从森林公园的小丘往下走，穿过一片树林，就到了奶奶家。

在林中穿行令我心情欢畅：抬头可见高大的绿色树冠，横叠的枯枝在脚下咔嚓作响。

走出这片林地，迎接我们的是色彩斑斓的落叶铺就的"地毯"，踩上去发出清脆的"沙沙"声。

落叶下的小路若隐若现，向前延伸。

不一会儿，奶奶家的屋子映入眼帘，

它静静地伫立着，与四周的风景融为一体。屋后是一片杂树林与重重远山。屋前的草丛间盛开着各色小花，仿佛在欢迎我的到来。

门口的墙边有一条木头长椅，可以坐好几个人。奶奶说，有了这条长椅，无论烈日还是阴雨，她都可以和邻居坐在大屋顶下闲聊。

门前的地面铺设着石板，多处被湿漉漉的苔痕覆盖。在午前的阳光下，泛出鲜亮的绿色的光泽。

长椅上方的墙面开设了一个小窗，屋里的人可由此看到屋外的光景，也可以隔着小窗与外面的人打招呼，十分方便。

站在屋前，可以闻到一股似泥土的，又似树木的清香。奶奶说，这是房子木头外墙的气味。

A **Place** of Welcome

We trudge through the woods, and there's granny's house, quietly blending into the landscape.

The porch is lined with tiny colourful flowers, giving me a cheerful welcome.

At the side, sheltered by the roof is a long wooden bench where we can all sit.

The stone paving is covered with damp moss here and there,

glittering like scattered emeralds in the morning sunlight.

As I wait for granny to open the door, there's a fragrant smell of earth or wood.

She says it's because the house's outer walls are made of red cedar.

香气的色彩

　　推开奶奶家的大木门，空气中浮动着一丝甜甜的花香。门对面的墙上有一个装饰性的壁龛，那里摆放着一个小花瓶，香气正来自瓶中的银桂。奶奶说，她会从庭院里采摘应季的花草来装饰玄关。玄关也铺着跟外面一样的石板，玄关一侧挂外套的储藏室也一样铺着石板。

　　我脱了鞋子走进去。奶奶家的一层没有隔断，是一个通敞的大空间。屋内的景象可尽收眼底。尽头的餐厅有一扇大木板窗，纤细的光线透过窗板的间隙照射进来。

　　"奶奶，我可以把窗子打开吗？""好啊。屋里有点热，把窗子打开通通风吧，外面还挺凉快的。"

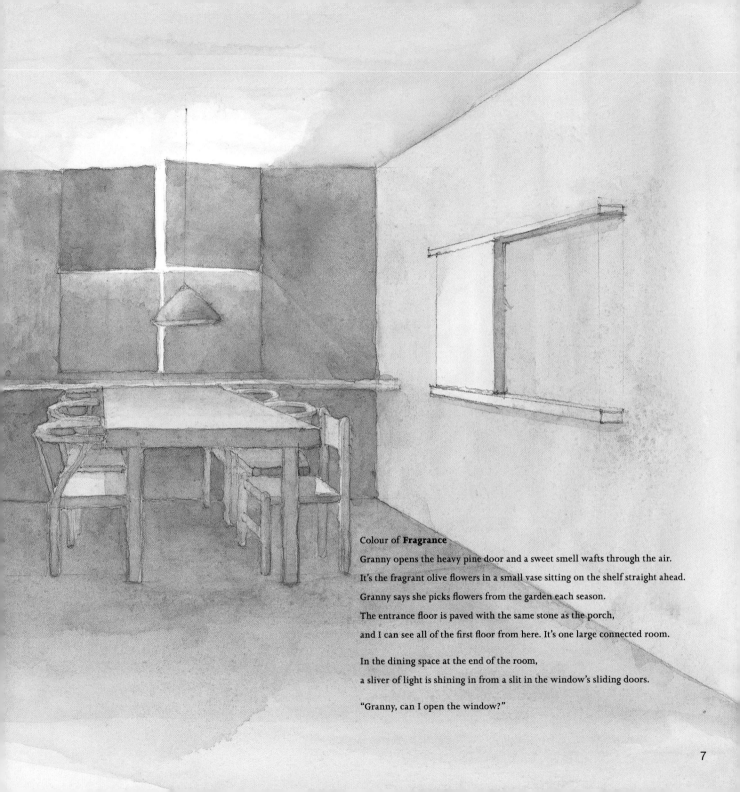

Colour of **Fragrance**

Granny opens the heavy pine door and a sweet smell wafts through the air.

It's the fragrant olive flowers in a small vase sitting on the shelf straight ahead.

Granny says she picks flowers from the garden each season.

The entrance floor is paved with the same stone as the porch,

and I can see all of the first floor from here. It's one large connected room.

In the dining space at the end of the room,

a sliver of light is shining in from a slit in the window's sliding doors.

"Granny, can I open the window?"

7

窗的魅力

推开窗子，风儿轻快地穿越整个房间，令人神清气爽。

一株大大的苹果树赫然呈现在眼前。

这扇大窗户与普通的窗户有些不同。白色的窗板与窗纸可以收进墙壁内侧，窗玻璃与窗纱可以收进墙壁外侧。这样一来，打开窗户，就可以欣赏外面的风景，不会有杂物遮挡视线。

如果合上窗纸，屋内就会染上一层白色的光晕，仿佛下了雪一样。

听说房子建造之前，苹果树就生长在这里了。正是因为喜爱这棵树，爷爷和奶奶才决定把家建在这里。也因此，他们设计了这扇大窗，以便能时时在家中欣赏大树的丰姿。

每当午后，斑驳的树影投在餐桌上，晃晃悠悠的，实在有趣。

The Window

I open the window and a pleasant breeze passes through the house.

The big old apple tree in the garden fills the view.

This big window is special.

Granny says it's specifically designed so that when you open it,

you get a perfect view of the apple tree.

The white sliding doors and shoji paper doors can be stowed away on the inside,

and the window glass and screen windows on the outside of the wall.

When the shoji doors are closed, the sun filters through the Japanese paper,

blanketing the room with a whitish hue, as if it's been snowing.

露台的色彩

在厨房与餐厅之间，有一个小露台。这里是室外餐厅。每至清晨，这里便会洒满阳光。"早晨在这里晒晒太阳，多好啊。"奶奶说。露台上铺的是地砖，有大大的屋檐罩着，感觉跟待在室内一样。

每天早晨，奶奶在这里看报纸、喝咖啡，安排一天的事务。有时，奶奶还会在这里晒制梅子或其他果干，摆弄花草。

因此，这个空间又被唤作工作露台。

Colour of **Terraces**

There's a cosy covered terrace between
the kitchen and dining room.
The morning sun warms the brick floor and
it serves as a sort of outdoor dining room.
Each morning, granny sits here to read the papers,
drink coffee, and make plans for the day...
or to dry the plums she's picked,
or for gardening.
She calls it her "work terrace".

There's another covered terrace on the other side of the dining room.

A cooler outdoor living space protected from the afternoon sun.

I can walk around barefoot because it has a wooden deck.

It's where granny often does her sewing or writing.

I might do my homework here later....

在另一侧，室内餐厅和客厅之间，还有一个休闲露台。延伸出来的屋檐遮挡了午后强烈的日晒，平台上一片清凉。

这里也像一个室内的房间，地面上铺设着木地板，我可以光着脚在上面尽情玩耍。

奶奶常在这里做针线活、写字。

我先玩一会儿，然后在这里做作业吧。

家的中心

"这个房子好旧啊，会不会哪天就倒掉了呢？"我曾经向奶奶这样问道。奶奶却信心满满地告诉我："这个房子虽然是木头造的，但只要正中的那根大柱子在，房子是一定不会倒的。"

这根大柱子唤作"大黑柱"，它立于房子中心，承载着大大的屋顶的全部重量。房子里面的各种空间，都是以它为中心来布局的。进进出出的地方、做饭做菜的地方、吃饭的地方、工作的地方、休息的地方、洗澡的地方……柱子仿佛标记着每个房间的边界，走过这根柱子，就意味着从一个房间进入另一个房间。

屋子的中央空空的，只有这根大柱子。我很小的时候，喜欢绕着柱子跑圈圈，或者光着脚向上攀爬。而现在，我喜欢倚靠着柱子，与在厨房做饭的奶奶聊天，或者面朝暖炉坐下来取暖。待在柱子边上，我感到莫名的平静。它就像那棵大楠树，让人不由自主地想要靠近，让人心里很踏实。

The Heart of the **House**

Granny says that though her house is quite old, it won't fall over.

Because it has a big pillar in the middle of it, supporting the weight of the roof.

All the spaces in the house seem to be centred around this pillar – the entrance,

places to cook, eat, work, relax, or take a bath. It's as if the pillar decides the spaces around it.

When I was little I used to run around this pillar or climb up it barefoot.

I feel good being around it, just like when I'm under the camphor tree.

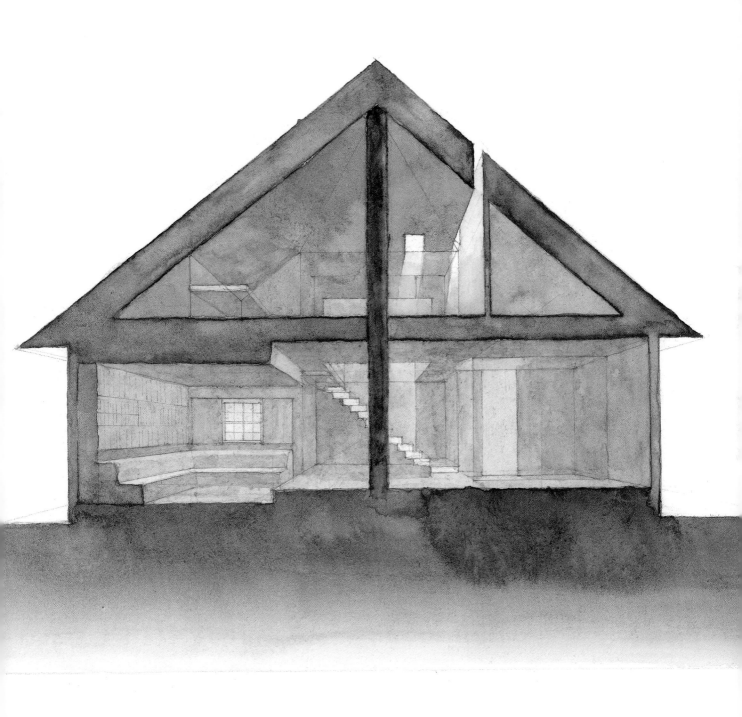

筵席的色彩

当斜阳照进小屋，奶奶便开始准备晚餐了。

她一会儿取出一些餐具，一会儿又掀开锅盖朝里面张望，厨房里充满了忙碌而欢快的节奏。

奶奶喜欢在餐桌上摆满餐具，招待客人。因此，她制作了这张大大的木头餐桌。在这张大餐桌上，可以放下各种颜色、各种形状的碗盘。如果来了很多客人，这张大餐桌还可以展开，变得更长。餐厅里也有很多椅子，大家可以在这里热热闹闹地聚会、用餐。

虽然今晚只有我和奶奶两人，但也要办成一个小派对。

餐桌前的窗台上，整齐地摆放着爷爷奶奶的各种小藏品，这些小物件令我浮想联翩，心情愉快。

我把在树林采摘的野花插进餐桌上的小花瓶里，作为晚宴的装饰。

Colour of **Hospitality**

By the time the afternoon sun streams into the room, granny is busy laying the table.

It's big enough for lots of plates and dishes to entertain many guests.

There are lots of chairs too, so people can dine together and have a party.

It's a party today too, though it's only the two of us.

It's fun looking at granny and grandad's collection sitting on the window sill.

The bits and pieces are all so interesting.

I do my part to brighten up the table with a small vase of flowers I picked in the woods.

灯光的色彩

与我家相比，奶奶家的灯光没有那么强烈。

餐厅里只垂一盏小吊灯、点儿支蜡烛，就能照亮餐桌。奶奶说："用这样的光线，饭菜看上去会更加好吃。"

奶奶家的天花板上没有装灯。奶奶说："没有必要把整个家都照得那么亮。只要在必要的几个地方点几盏灯就可以了。"

吃饭的时候，只用一点柔和的灯光照亮餐桌，用餐的人会在光晕所营造的祥和氛围里变得更亲密。

在客厅休息的时候，可以围坐在暖炉旁，

感受明亮而温暖的炉火。读书的时候，只需用手边的灯照亮书页。而在做饭的时候，白色的灯光又可以将厨房照得亮堂堂的，方便干活。

也就是说，不同的地方，要搭配不同的照明。

露台上也点着蜡烛，幽幽的烛光为这里染上了一层令人舒适的色彩。

Colour of **Lights**

Granny's house doesn't have any lights on the ceiling.

She says, "You don't need lights to make the whole room bright.

Only where necessary."

She tells me that a small pendant light and candles

would be enough for the dining table,

and that it brings everyone around the table closer together.

To sit and talk in the living room, we sit by the strong warm light of the fireplace.

To read, there's just enough light for our books.

For cooking, granny has a white bright light in the kitchen.

So I see there's a light fit for each place.

The soft candlelight on the terrace is soothing, isn't it?

火的色彩

入夜，气温骤降。

奶奶向暖炉中多添了些木柴，将火拨旺。

这个暖炉位于奶奶家客厅的中心，只要炉火
燃起，整个屋子就能马上变得暖意融融。

奶奶不紧不慢地向暖炉里添着柴，怡然自乐。
我也静静地享受这段快乐的时光。

炉中的木柴噼啪作响，火焰摇曳起舞，空气
中飘浮着木柴燃烧时所散发的特殊气味。

这一刻，温暖的感觉充满了胸膛。

Colour of Fire

In the evening, it suddenly grows a bit colder.

So granny puts a log on the fire and stokes up the flames.

The whole house warms up quickly because it has this fire in the middle of the living space.

I watch as granny slowly adds another piece of firewood on the fire and I think she enjoys it.

I like the sound of the fire crackle and the smell of logs burning, too.

It's fun watching the flames dance on the hearth. Somehow it makes me feel warmer from inside.

休憩的地方

　　暖炉的对面，沿墙布置着一组沙发，我非常喜欢待在这里。窝在这个舒适的角落，正好可以望见在对面的厨房里忙碌的奶奶，

　　在这里，整个一层一览无余，给人一种莫名的安全感。炉中燃烧的木柴噼啪作响，仿佛一首抚慰人心的夜曲，勾起我的沉沉睡意。

　　面前有一组通往楼上的台阶。奶奶说过，楼上有一间工作室。我还没有参观过，真想上去看看。

　　就这样，在对楼上的翩翩浮想中，我裹着甜甜的暖意在沙发上昏昏睡去。

A Place of **Comfort**

One of my favourite spots in granny's house is the sofa
against the wall in front of the fireplace.
When I sit here I can see the kitchen and the whole floor,
and it makes me feel safe.
The crackle of the logs on the fire is so soothing... it makes me drowsy.

Granny once told me there's a room up those stairs where she used to work,
but I haven't had the chance to see it yet. I'd like to sometime.
Dreaming of going upstairs, I fall asleep in the snuggly warmth.

Colour of **Dawn**

Next morning, I wake up because it seems very bright.

Granny had covered me with a blanket after I'd fallen asleep and now

a single ray of light was creeping up on me.

Where does this come from?

I look up to see the beam coming from a small skylight above the dark front entrance.

 "Good morning, dear," granny says from the kitchen.

"That light only comes in in the morning. It signals the start of another day."

It seems like a nice day today, too.

From the window, I can see the leaves wet with morning dew, sparkling in the sun.

Now, for that room up the stairs....

"Granny, can I go to see the room upstairs?" I ventured.

"Of course, dear," she smiled.

黎明的色彩

　　我被耀眼的光亮唤醒，睁开眼，已经是第二天清晨了。一束光投射下来，正好打在奶奶为我盖的毯子上。

　　咦？光是从哪里来的呢？

　　循着光线向上望去，幽暗的楼梯之上有一扇小小的天窗，阳光从那里照射进来。

　　"早上好呀！这束光只在早晨的时候才会照进来。每次看到它，就觉得新的一天开始啦。"在厨房里忙活着的奶奶这样对我说。

　　今天天气真不错。我望向窗外，被晨露打湿的树叶忽闪忽闪地发亮，漂亮极了。

　　不知不觉中，屋子里渐渐明亮起来，屋子里的一切清晰可辨。

　　我忽然想起楼上的那个房间……

　　"奶奶，我可以去参观一下楼上的房间吗？"我鼓起勇气问道。

　　"去吧！"奶奶笑答。

Colour of **Tranquil Light**

It's so exciting! I'm going up the stairs.

Each step I take makes a creaking sound.

I finally reach the top of the hanging staircase and...

"Wow!"

What awaited me was a room, dimly lit,

but brimming with so many colours of light,

overlapping each other.

It's as if there's a pool of multi-coloured water on the floor.

静谧的光的色彩

我兴冲冲地登上楼梯，每踏一步，木制的台阶都会在微微颤动中咯吱作响。

当我踏上最后一级台阶时，立刻被眼前的景象惊呆了，"哇……"

我看见各种色彩的光线，静静地弥漫在房间内，交叠融合在一起。我仿佛游走在淡彩的水池里。

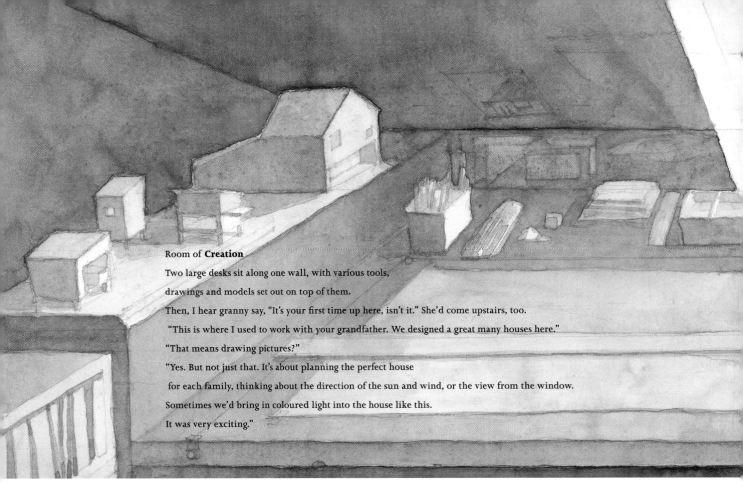

Room of **Creation**

Two large desks sit along one wall, with various tools,

drawings and models set out on top of them.

Then, I hear granny say, "It's your first time up here, isn't it." She'd come upstairs, too.

"This is where I used to work with your grandfather. We designed a great many houses here."

"That means drawing pictures?"

"Yes. But not just that. It's about planning the perfect house

for each family, thinking about the direction of the sun and wind, or the view from the window.

Sometimes we'd bring in coloured light into the house like this.

It was very exciting."

创作的房间

　　我转过头，看见靠墙摆放着两张硕大的写字台。墙壁上挂着长直尺和三角尺，旁边贴满了各种草图。其中一张写字台上放着许多彩色铅笔、钢笔等，而另一张写字台上放着许多照片。置物架上摆着各种形状的建筑模型，我不由自主地走上前去，想看个仔细。

　　这时，背后传来奶奶的声音："你是第一次来到这个房间吧？"

"奶奶，这个房间是用来做什么的呢？"

"这个房间以前是爷爷奶奶工作的地方。爷爷奶奶在这里做设计建筑的工作。我们一起设计出了许许多多的房子。"

"'设计'就是把房子的图画出来吗？"

"是的。不过，除了画图以外，还要考虑很多其他事情。我们要让不同的家庭都住上合适的房子。要仔细地考虑太阳光的方向、风的方向，还有窗户外的景色。有时候，我们也会利用天窗，让光线进入屋子为房间增添色彩，就跟这里一样。'设计'是一项很有趣的工作。"

House of Colours

I climb the ladder with granny to go out onto the roof. There's a view of houses in the distance.

"You know, dear, a house can be all sorts of shapes, but each has its benefits.
Living in an apartment block can feel safe or provide wonderful views from higher floors,
or a big house can offer the joys of having your own garden.
But the important thing isn't the shape of the house.
It's whether or not it's designed to make life more fun for the residents and that it
makes them want to enjoy themselves — to cook a delicious meal or spend a quiet moment.
Being able to enjoy the little things in life is what adds colour and richness to our daily lives."

I see, granny. So houses can be different shapes for different people.
Granny, your house is full of colour, isn't it.
I watch the many shapes and colours of the roofs in the distance
and it makes me feel happy.

多彩的家

我终于看到了工作室的样子。
接着，我与奶奶一同爬上梯子，来到屋顶。
放眼望去，远处是鳞次栉比的住宅。

"你看，家有很多不同的样子，每个家都有各自的好。高层公寓是很多人住在一起，可以给人安全感，而且高的楼层视野好。独栋的房子可以有自己的小花园。不过，无论哪种家，形式不是最重要的。能否让住在里面的人生活得开心，这才是在设计房子时需要仔细考虑的。

　　还有，住在房子里的人要懂得怎么去享受生活。享受美味的饭菜，享受宁静的时光，只要能用心感受生活中的点滴，平凡的日子也能过得有滋有味。"

　　我明白了，不同的家里住着不同的人，不同的人塑造出不同的家。

　　奶奶的家里，充满了缤纷的"色彩"。这大概就是奶奶家的特色吧。

　　望着晨光中造型各异的屋顶，我心中升起了莫名的喜悦。

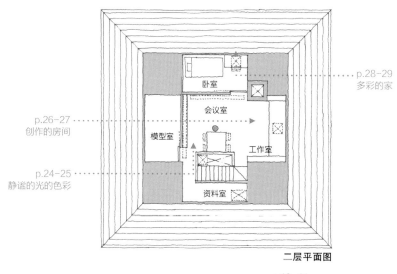

卧室

会议室

模型室

工作室

资料室

二层平面图

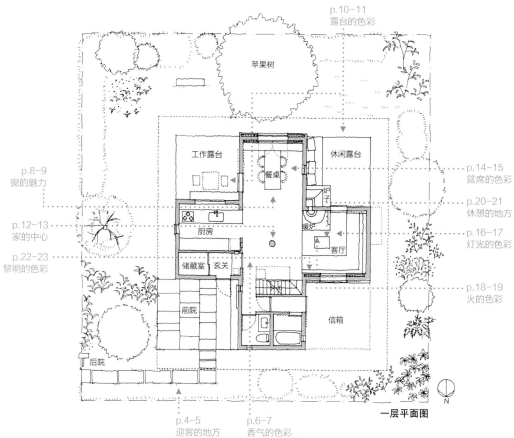

苹果树

工作露台

休闲露台

餐桌

炉子

暖炉

客厅

厨房

储藏室

玄关

前院

后院

信箱

N

一层平面图

与八岛正年、八岛夕子对谈

田中元子

重新观察自己的家

一起来回顾奶奶的家

仿佛是去了一个陌生的地方——一页接一页，慢慢地读到故事的最后，心情仿佛结束了一场短暂的旅行。读者们跟随故事中的"我"，一起到山丘之上的奶奶家去玩，悠然自得地度过了愉快的一天。明明只是波澜不惊的日常生活，我们却能在其中时时处处地体会到小小的欢欣、岁月的静美。

在这个"多彩的家"里，单是"光"，我们就能找出许多种类、不同的场景中的光。比如，那从树叶间隙漏到地面、如水波一样摇动的太阳光，那洒脱地投射在门前或窗边的自然光，那温柔地照亮餐台的小吊灯，微微晃动的烛火，还有那在暖炉中燃烧的火焰。除了视觉上的"光"，还有踏行在枯枝落叶上的触感，银桂散发出来的香气，以及木柴燃烧时噼噼啪啪的声音……这些动人的瞬间在岁月中定格，让我们一遍遍地玩味、体悟，心中充溢着无尽的、不可名状的幸福感。

奶奶的家看上去有一定年头了。这座房子是爷爷奶奶在年轻的时候，根据他们自己对生活的向往，经过用心思考，亲力亲为地设计、建造出来的。这座房子看上去并没有什么特别的地方，也没有豪华绚丽的外观。但在这座房子中，我们能感受到四时变化的自然风景与瞬间乍现的声光，从这些平凡的事物中发现无穷的魅力。无论时代如何改变，自然的轮回一如既往。一座能够让人尽情享受自然之趣的住宅，想必其魅力是不会随着时光的流逝而减退的。

当我们试着全身心地沉浸在"多彩之家"的世界中时，那些原本稀松平常的居家行为，如读书、吃饭等，其实并不是独立发生的。在读书的时候，我们的面庞能感受到窗外吹来的清风。在吃饭的时候，我们的目光会偶而驻留在餐具的精美纹样上。在自然状态下，我们很难不借助外力而隔绝五官感知中的某一种。换言之，当你认为自己只在做一件事时，你的身体实际上也在同时接收到外界各种各样的其他信号。这种无意间捕捉到的各种东西，汇集到一起，大概就会形成我们常说的"居心地"。（"居心地"是一个日语词，意思是某个空间给人的感受。）

叠合五感的平面图

本书的作者八岛正年和八岛夕子是夫妇，他们二人共同从事建筑设计工作。据说他们完成了许多住宅设计作品，对他们而言，住宅设计"虽然辛苦却很喜欢"。住宅设计的优与劣并不取决于外人的评判。无论某个住宅的形式多么怪异，只要居住在里面的人觉得满意，那这个住宅就是好住宅。不过，八岛夫妇设计的住宅，即便是外人，也觉得舒心，居于其中的房屋主人就更不用说了。虽然世界上没有两个相同的人，但无论是谁，不吃饭就会饿，跌倒了就会痛，人们在基本感觉层面是存在共性的。因此，对于舒适的家，人们的感觉也应该是相通的。在这本书中，故事发生的舞台——奶奶的家，是由爷爷奶奶依据自身的喜好而设计、建造的，但作为读者的我们也被其中温馨、舒适的氛围感染，就跟回到了自己家一样。

对于本书的创作过程，夫妇二人一致表示："写书的过程与我们做住宅设计的过程几乎是一样的。设计工作其实是从聊天开始的。我们先要与业主聊天，对业主进行详细的了解。根据业主提供的信息，我们会大致分析出他的个性，以及他所期待的生活状态等。我们一边商量，一边随手勾画一些草图。当基本思路形成之后，我们便开始正式绘图工作。"据他们说，这本书的创作也是类似的过程。最初，先从自己身边、从生活中寻找出各种充满色彩的场景或片段，而后通过画笔，将零散的生活片段整合成一幅完整的图纸。书中的每一幅画都是他们精心勾勒出来的，就好似一针一线仔细编织出来的工艺品。

说到住宅的图纸，想必大家一定见过很多吧，比如在夹报纸里的广告插页上的图纸，或者贴在房地产销售处橱窗里的图纸。只是看过那些图纸之后，大家可能还是想象不出住宅内部的氛围，更想象不出住在里面的感觉。不过，本书的表达方式比较特别。看了前面的一幅幅彩色的图画后，再看文末的奶奶家的图纸，你有怎样的感受呢？（顺便说一句，图片的种类很多，我们这本书里讲的是平面图。平面图就跟地图一样，画的是从高处俯瞰整个房子时的样子，可以让房间的布局一目了然，所以常用于房地产广告。应该有很多人都画过自己家里的平面图吧。）从玄关走进室内，可以看见一个平面呈"十"字形的大房间。以房间中央的"大黑柱"为核心，四周分布着餐厅、起居室等，好似由中心生出的枝蔓。两个室外露台填充了"十"字上方的两个"缺口"。在这幅平面图中，我们还可以找到那扇开向缀满红色果实的苹果树的窗户（请翻到第8页的彩图），还有"我"看着厨房里忙碌的奶奶而渐渐入睡时躺的沙发，以及一旁的暖炉（请再看一看第16页至21页）。再仔细地观察，还能发现屋门口的长椅和长椅上方的那扇小窗。一日之间，阳光会在不同的时间从不同的方向射入房间。四季流转，周遭的自然景物也不断地变换容颜。在室外平台迎接爽朗的清晨，在烛光晚餐中品味长夜的宁谧——我们与故事中的小主人公在奶奶家共度的那些美好时刻，都可以在这幅平面图中一一找回。

近在咫尺的生活色彩

读到这里，想必你已然明了"多彩的家"中"彩"字的内涵。这里的"多彩"，不是指颜色很多很杂，而是指那些我们在平时容易忽略的光、声与香气等元素。而这本书，将这些元素所具有的生动表情为我们一一展现了出来。我们的日常生活，正因为有了这些可见、可闻、可嗅、可品、可触的元素，而变得丰富多彩。这些多彩的元素并非书中的奶奶家独有。奶奶家中每一处令人愉悦的场景与细节，在我们身边其实都能找到。大家还记得奶奶在屋顶上说过的话吗？"家有很多不同的样子，每个家都有各自的好。"一个住宅设计师，最重要的就是"让住在里面的人生活得开心"。现在，请你抬起头，观察一下你所在的地方。无论你现在是在家里、图书馆里，还是咖啡馆里，请问，你喜欢这里吗？如果你喜欢这里，那么是什么打动了你呢？如果不喜欢，那么需要做出哪些改进才能让你满意呢？或许，我们无法把一切都彻底改造成自己喜欢的样子，但是，我们不妨先从小的范围开始改造，比如从自己的写字台、床铺开始，尝试着做出一些改变，让这些地方变得更加舒心。可能有时候，事情进展得并不顺利，但是也没关系，不必一蹴而就。来日方长，家里的很多东西可以慢慢地调整。从周遭的环境入手，思考一下，哪些东西对自己的生活能起到积极作用，哪些会有消极作用，哪些东西是真正重要的。当我们把这些问题厘清了，我们周遭的生活也会在不知不觉间变得多彩。

八岛正年（MASATOSHI YASHIMA）+ 八岛夕子（YUKO YASHIMA）

◇ 八岛正年　1968 年生于日本福冈县。1993 年毕业于东京艺术大学。1995 年毕业于东京艺术大学研究生院。

◇ 八岛夕子　1971 年生于日本神奈川县。1995 年毕业于多摩美术大学。1997 年毕业于东京艺术大学研究生院。

◇ 在东京艺术大学研究院益子义弘研究室时，二人便开始共同开展设计工作。1998 年创办八岛正年 + 高濑夕子建筑设计事务所，2002 年改名为八岛建筑设计事务所。迄今为止，二人主要的设计作品有"荻之家""东京之家""西镰仓之家"等私人住宅和集合住宅。除住宅设计之外，二人也经手了其他类型的建筑设计，包括"幻想曲之家" 1 号与 2 号（保育设施）、吉村顺三建筑展会场，以及一些商业设施。其中，二人凭借"幻想曲之家" 2 号获得日本建筑师会联合会作品奖。

田中元子（MOTOKO TANAKA）

◇ 撰稿人、创意活动促进者。

◇ 1975 年生于日本茨城县。

◇ 自学建筑设计。

◇ 1999 年，作为主创之一，策划同润会青山公寓再生项目"Do+project"。该建筑位于东京表参道。

◇ 2004 年与人合作创立"mosaki"，从事建筑相关书刊的制作，以及相关活动的策划。开设"建筑之形的身体表达"工作坊，并整理出版《建筑体操》一书（合著，由 X-Knowledge 出版社 2011 年出版）。在杂志《Mrs.》上发表连载文章《妻女眼中的建筑师实验住宅》(2009 年至今，文化出版局出版）等。http://mosaki.com/

后 记

各位小读者们，大家平时都住在怎样的房子里呢？大家的日常生活都是怎样的呢？

每日里都少不了吃饭、玩耍、休闲放松这几件事情吧。

与家人、朋友共处，除了欢声笑语之外，也偶尔会有争吵、郁闷和尴尬。

一人安静独处，有时惬意，有时也会感到寂寞。

所谓"家"，便是将这一切盛满复杂心情的时光尽数包裹于其中的容器。

那么，家是越大越漂亮，就越好吗？

有了自己的房间，有了大屏幕电视，或者有了各种新式设备，就能享受美好的生活了吗？

这些当然是好东西，能拥有它们是值得高兴的。

但拥有了这些，并不意味着就能拥有快乐而充实的生活。

在这本书的故事里，"我"在奶奶家度过了一段时光，从中我发现了为生活创造出温馨喜悦的"秘密"。

让自己开心，也让来客开心……

奶奶的家中处处显示着匠心。

一个家，无论是新是旧，是大是小，是独栋还是集合住宅，只要每日都用心对待生活，就是一个快乐的家。

这座老房子伴随了奶奶多年，犹如一件包裹着奶奶全部生活的日常便服。

在奶奶看来，只有这种没有多余装饰的便服穿起来才自在舒适。

我们夫妇二人作为建筑师，常常在思考，如何通过恰如其分的设计方法，在住宅中增添惊喜和趣味，让日常生活变得更加快乐。

通过一幅幅水彩画所描绘的奶奶家，我们想告诉读者：住宅设计中至为重要的一点，便是设计师要通过设计行为，让居住者们的日常生活更为快乐、有趣。

此外，更重要的一点，正是故事中奶奶所说的，住在房子里面的人要懂得如何去享受生活。

家应如便服。比起古板的正装，便服更舒适。

八岛正年　八岛夕子

2011 年 12 月

北京市版权局著作权合同登记号　图字：01-2018-3289

彩りの家／House of Colors
著者：八島正年、八島夕子
プロジェクト・ディレクター：真壁智治
解説・建築家紹介：田中元子 [mosaki]

版权所有，侵权必究。侵权举报电话：010-62782989 13701121933

图书在版编目（CIP）数据

多彩的家 /（日）八岛正年，（日）八岛夕子著 ; 杨希译. — 北京 : 清华大学出版社，2018
（吃饭睡觉居住的地方 : 家的故事）
ISBN 978-7-302-50494-8

Ⅰ. ①多… Ⅱ. ①八… ②八… ③杨… Ⅲ. ①住宅 – 建筑设计 – 青少年读物 Ⅳ. ①TU241-49

中国版本图书馆CIP数据核字（2018）第136948号

责任编辑：冯　乐
装帧设计：谢晓翠
责任校对：王荣静
责任印制：杨　艳

出版发行：清华大学出版社
　　　　　网　　址：http://www.tup.com.cn,　　http://www.wqbook.com
　　　　　地　　址：北京清华大学学研大厦A座　　邮　编：100084
　　　　　社总机：010-62770175　　　　　邮　购：010-62786544
　　　　　投稿与读者服务：010-62776969, c-service@tup.tsinghua.edu.cn
　　　　　质量反馈：010-62772015, zhiliang@tup.tsinghua.edu.cn
印装者：小森印刷（北京）有限公司
经　销：全国新华书店
开　本：210mm×210mm　　印　张：2　　　字　数：41千字
版　次：2018年10月第1版　　印　次：2018年10月第1次印刷
定　价：59.00元

产品编号：069967-01